HOMEMADE DRY NOODLES

在家乾拌麵

鹹、鮮、酸、甜、辣、麻、香
七種層次與醬汁比例的完美結合！

駱進漢 —— 著

幸·福·文·化

做得開心
也吃得開心

　　認識阿駱多年來,他一直是位認真的廚師,每次協會舉辦的公益活動,一定都能看到阿駱的身影,忙進忙出,盡心盡力,阿駱總說在有能力的時候多盡一份心力,讓更多的人可以感受到社會的溫暖,如同他做廚師的初衷一樣,看著身邊的人吃的飽吃的滿足,就是他最大的心願。

　　阿駱也是我看過最尊師重道的廚師,當遇到理念不同時,總會一次又一次的與老師傅們溝通協調,直到在事情或廚藝上達成共識,而在廚藝上也從不自滿,每個菜系都有每個菜系的專業,在面對不同的菜系阿駱總是虛心向學,一有機會就向師傅們討教,再結合自身菜系的專業,讓川客菜可以有更多不同的創意。

　　阿駱常說學問就是要學也要問,廚藝傳承是一種教學相長,當老師教授付出的同時,也在學生身上看到了當年當學徒的自己,隨時提醒著自己要謙卑也要不斷學習,讓自己在廚藝這條路上可以有更多的可能性。

　　期待這本書對想精進廚藝的初學者來說,能有更多的創新與創意,簡單料理隨著季節變化搭配當季食材,能有千變萬化的美味,重點是做得開心也吃得開心。

社團法人中華美食交流協會理事長
郭宏徹
2020.06

目錄 CONTENTS ——————————————————

鹹｜使用的材料：醬油、醬油膏、味噌、冬菜、黑豆豉、
　　豆瓣醬、甜麵醬

鮮｜使用的材料：高湯、番茄醬、蠔油

酸｜使用的材料：米醋及工研醋、果醋及五印醋、烏醋、桔醬

甜｜使用的材料：酒釀、米酒、泰式甜辣醬、花生醬

辣｜使用的材料：四川豆瓣醬、胡椒粉、辣椒油、辣椒粉

麻｜使用的材料：大紅袍、青花椒

香｜使用的材料：

　　1. 油香：蔥油、蒜油、芝麻香油、花椒油

　　2. 粉香：花椒粉、香料粉、十三香粉

　　3. 醬香：花生醬、芝麻醬、沙茶醬、肉醬、味噌

麵體

醬汁

配料

配菜

PART

5　乾拌麵絕配小菜

作者序

PREFACE

吃的健康才是王道

　　我做廚師這行做了三十年，從學徒做到現在電視台邀約的特約主廚，踴躍參加任何比賽、活動及很多協會舉辦的活動，也出了很多本食譜書，2014 年開了一間屬於自己的餐館，位於圓山捷運站附近。身為半個客家人且學習四川料理的我，將兩種菜系結合，使得老味道和新口味之間取得平衡。面對現今不斷變化的飲食文化，我也不停歇的研發各種新菜色，以食材在地化、保留傳統滋味、少加工和原汁原味為基礎，增加香氣與口感的豐富度，創造出更多創意料理，一開就到現在有六年之久。

　　近幾年「方便」成為一種飲食習慣，大家都不出門，在家叫外送宅配到府，或是自己簡單下廚。以前所謂方便的食物，幾乎選用不營養的泡麵，而泡麵添加很多碳水化合物，以及對人體有害的「鈉」，吃太多，鈉含量就會過高而超過每天攝取量。據統計，一般健康的成年人，每天鈉攝取量不得超 1500 ～ 2300 毫克，相當於 4 ～ 6 克鹽，但是一包泡麵的調味包往往就超過了。攝取過多的鹽，容易造成很多慢性疾病。

　　近年來很多廠商和藝人合作推出「乾拌麵」即煮即食包，變成非常熱門食品。各種味道的乾拌麵，因為有藝人加持，使得乾拌麵市場也越來越大，種類多到吃不完。但還是有人會想，這些包裝食品難道對人體都沒危害嗎？當然多少還是會有，所以我才推出這本《在家乾拌麵》，用新鮮食材製作醬汁，選用對的麵體搭配，加上自己喜愛的青菜、蛋…等配料，雖然沒有市面上的包裝乾拌麵來得快速，但絕對更有營養，而且吃得健康，才是王道。

　　這幾個月以來，因為疫情的關係，使得大家都不敢出門用餐，家裡囤積一堆食物，卻不知道要煮什麼，此時這本《在家乾拌麵》食譜就是最好的參考。尤其食譜內含有豐富的醬汁做法和麵條煮法，以及後半段由醬汁衍生出來的小菜食譜，特別是在家防疫的這段時期，每一個家庭都該擁有一本，可以隨時解決吃的問題。

駱進漢

2020.06

PART

1

細說乾拌麵

當年漢人移墾來台時期，大部分的主食以米或番薯為主。後來國民政府撤退來台之後，因為大陸各省退役軍官把麵食文化帶進台灣，讓台灣的飲食文化更加豐富。

而在台灣常見的川味牛肉麵，也是當時國民政府來台後，不只是軍官，也有很多來自四川的廚師，因為想念家鄉味，利用黃豆醃製成的豆瓣醬、新鮮辣椒、花椒、八角及很多辛香料做成湯頭，並結合早期國軍改良的食用麵粉，做出手工麵條，再把牛肉做成紅燒，進而做出四川牛肉湯麵及牛肉乾拌麵。又因為早期務農的台灣人不吃牛肉，還研發出傻瓜乾麵等麵食。

其實當時的眷村生活，因經濟不好，會將牛肉拿去販賣，剩下的臟器就留下來自己使用，做成小菜，或是煮麵，就是所謂的牛雜湯，等到經濟好轉時，才把牛雜湯變成牛肉湯。

早期的台灣，煮一碗好吃的擔仔麵、擔擔麵、意麵，就能代表傳統的美食精神。為什麼叫做擔仔麵？是因為以前的人會挑著扁擔賣麵，而扁擔的閩南語就是「擔仔」。這一碗小小的麵食，源於台南。當時台南的擔仔

麵非常有名，主要是因為當時台南沿海居民捕魚為生，但是每到七八月受颱風影響，捕魚受到了限制，為了貼補家用，才會挑著扁擔出來賣麵。他們會用肉燥和蝦子煮成湯頭，做成百吃不膩的家常麵食。通常湯頭都是用當時的新鮮食材煮成的，從這裡就可以看出，台灣當年的農漁業發展很興旺。

　　由於現今交通方便，可以從兩岸來往看出小吃已經大大不同。利用辣、麻、香、燙（是指在麻辣口感中的灼熱感）等多種味道，綜合而成的一道四川小麵，非常受到歡迎。有些佐醬加入紅辣油調配之後，就是讓四川人更能夠接受的傳統麵食小吃。一碗乾拌麵，調配的醬汁味道絕對是好吃的關鍵。先調出夠味的麻辣醬汁，再放入煮好的麵條拌一拌，就是勁道滑順、香味撲鼻、口感濃厚的獨特乾拌麵，不僅讓來台的陸配解解鄉愁，也是近年來台灣民眾最想吃的美食之一。

乾拌麵成為最快速方便的家常美食

在 21 世紀的年代，天天叫外送或自己簡單下廚，成為流行的生活型態。最方便快速，廣受歡迎的食物就是泡麵。另外，近年來有很多廠商推出的「乾拌麵」，更是變成一般家庭美味簡單的佳餚之一。為什麼現在火紅的食物是乾拌麵？絕對是因為容易煮又好保存，在烹煮過程中，麵的口感也不會受到改變，符合現代人的飲食喜好。而且市場上販售的乾拌麵，種類多到連續一個月也吃不完，一家比一家好吃，不僅口味多變，麵體也千變萬化，又加上名人代言加持，瞬間竄紅。光是乾拌麵的市場銷售額，每年可達到數十億，成為百家爭鳴的局面。

由於市售乾拌麵販售時間比較長，麵體和醬料包也需要較長的保鮮期，所以大多有特殊的加工法。例如麵體，一般的製作方法有手工日曬法、低溫慢速乾燥法、高溫快速乾燥法、油炸法；而醬料包必須加入更多的油和鹽（通常油和醬料的比例是 2：1），才能保存較久。

自己做醬來拌麵更安心

如果依照本書的方法，購買現做的手工麵，搭配自己製作的醬汁，一起調製成各式乾拌麵，不但新鮮天然，而且選擇多樣，好吃又安心。可以先以完美比例調製出乾拌麵醬，放入罐中，置於冰箱冷藏，隨時取出來與煮熟的手工麵一起攪拌均勻，就是最為方便的家常美食。

PART

2

乾拌麵必要的味覺與口感層次

要做出好吃的食物，味道和口感非常重要。例如要讓食材本身的鮮甜味及香氣產生出來，必須透過「烹調熟成」，也才能使食物的口感更加穩定。好吃的乾拌麵，最重要的關鍵就是麵體及醬汁，光是麵體就有十幾種，每種麵的口感及做法也都不一樣，再搭配「對」的醬汁，才能使得整碗麵的味覺與口感更加豐富。例如麻醬麵，主要的香氣來源是芝麻，要使芝麻味道更加濃郁，必須經過適當的溫度和時間烘焙，再加以研磨，最後將芝麻加入醬汁中調和，追求最完美的味覺；再選擇對的麵體拌入，力求達到完美的口感。將完美的味覺與口感層次相結合，就能使整碗麵不僅有滑順的口感，也有濃郁的芝麻香。

I．味覺層次

每個人喜歡的味道都不一樣，有人喜歡甜的，有人喜歡鹹的，或者有人喜歡酸的，因不同的喜好加入調味料，會讓整碗麵增添個人特色。調味原則中，最重要的有味覺、觸覺及嗅覺，三者兼顧的情況下，更能產生豐富的層次。

以下是乾拌麵使用的各種調味料，從鹹、鮮、酸、甜、辣、麻、香七種層次，探討調配醬汁的重要性，也是味覺特色的關鍵因素。先了解醬汁風味的來源，可以幫助你掌握醬汁調配的準確性。

說到鹹，是食物中最常添加的味道，不僅能提出食物的鮮甜味，也能去除青菜的生味。「鹹水」可以幫助身體代謝，增加食慾和體力。適量的鹹水可以防止體內微量元素流失。醬汁中加入醬油及醬油膏，讓麵條沾附其味道，可以提出鹹的味道，會更入味好吃。

●醬油

以大豆、黑豆、小麥及米等穀類製
作而成,可以讓麵體有黑豆的香氣。

●醬油膏

由醬油及糯米勾芡製成,味道柔
和,不會像醬油那樣死鹹。

●味噌

是一種具有鹹味的日本調味品,
添加味噌會使麵體更有日本風味。

●冬菜

是中國醃菜之一,主要以大白菜、蒜、食鹽水爲主要材料,常用於調整清
淡味道的菜,並非像泡菜和酸菜味道那麼重。

●黑豆豉

就是醬油的前置製品，發酵時間沒有醬油長。味道鹹鹹的，比醬油鹹，所以加入黑豆豉會使醬汁的味道更加重鹹。

●豆瓣醬

是由各種豆類製品製成，經由發酵釀造出紅褐色的調味料，主要以黃豆或蠶豆為原料。根據喜好需求，在生產過程中會加入香油、豆油、辣椒等原料。豆瓣醬是四川菜的必備佐料。

●甜麵醬

是以小麥及麵粉為原料釀造而成的麵醬，有醬香，主要以甜味為主，略帶鹹味。

以昆布、海鮮等食材燉煮而成的高湯，味道鮮美。調製乾拌麵時，加入一些高湯，與醬汁和麵條一起攪拌融合，會更加鮮甜好吃。高湯種類有很多種，有雞骨頭熬成的雞高湯，有海鮮熬煮的海鮮高湯，有蔬菜熬成的高湯。高湯做法是，依你想製作的高湯添加原料。例如先準備雞骨頭、昆布、蔬果，再加入 3000cc 的水，熬煮 1 個小時即可。

除了高湯，以下其他調味料也可以提供鮮味。鮮味的調味料，在乾麵的作用是添加味道的層次感。

●番茄醬

是利用成熟的番茄製成的調味料，添加在麵中有番茄香及酸甜味。

●蠔油

是利用鮮蠔熬成的調味料，呈深咖啡色，其質感黏稠，帶有蠔的鮮味。

利用白細砂糖或鹽等，長時間醃製食材後，發酵所產生的果醋、五印醋、烏醋等醋製品，讓無味的麵條增加酸香氣。每種醋都因製作方式及材料不同，味道也不相同。像是果醋及五印醋，會使得乾拌麵的味道更鮮甜；而烏醋，會使得整碗麵的味道更濃厚。

●米醋及工研醋
是利用糯米釀造而成的白醋。

●果醋及五印醋

幾乎都是用水果和小麥等材料製作
而成，兩者都有添加天然的果香。
果醋適合細麵；五印醋適合粗麵，
像是烏龍麵、拉麵。

●烏醋

是利用糯米釀造而成的白醋，再加
料配製而成。其味道比果醋及五印
醋更重更濃厚。烏醋適合波浪麵。

●桔醬

是客家的醬汁，就是用新鮮桔子研磨
後，熬成泥狀煮成的，會有桔子本身
的酸味及香甜味，天然而且不含防腐
劑。加入桔醬會使麵體本身增加了桔
子的果香味。

甜味的來源，除了食材本身，還可以從食品調味料裡取得，可以讓食物更好吃。甜味調味料常常添加在需要減少熱量的食物中，當體力不夠時，攝取一點也能增加體力。糖，是最常使用的調味料。例如使用白細砂糖、蜂蜜和鹽調成的醬，會讓乾拌麵提出美味來。適當的添加甜味，會使整碗麵的味道層次更上一層，而不會因鹽味過重而死鹹，有中和的作用。

●甜酒釀
是把糯米飯加上酒麴，經過糖化發酵而成。吃起來沒有糯米飯那般紮實，比較鬆軟是因為有部分澱粉已經被分解。這樣不僅很好消化，也會有天然的甜味和淡淡酒香，是很受歡迎的甜食，可以直接拿來吃，也可以煮湯圓、煮甜湯等，當然也可以拿來當烹飪材料，可用在需要香甜酒味的菜餚和醬汁裡。適合寬麵。

●米酒

就是蒸餾酒，以蓬萊米及酒麴製成。
東亞菜系常以米酒為調味品，因為
米酒可以去除魚腥味和調味。適合
細麵。

●泰式甜辣醬

此款調味料因加入「魚露」，會讓味道
更加鮮甜。尤其它有酸甜及辣的後勁，
會讓乾拌麵的味道有更多層次。適合細
麵和波浪麵。

●花生醬

是以花生為主要材料
製作而成，有花生的
香氣。適合寬麵。

辣，是一種刺激味蕾的感受，而且不只是舌頭有感覺，只要有神經的地方都能感覺得到。如同在身上噴辣椒水，皮膚會產生灼熱感，這就是辣的感受。有很多人喜歡這種飲食的刺激感，因此市面上各種辣味調味料應運而生。

麵條加上四川豆瓣醬、辣椒粉、胡椒粉、辣粉等辣製品，是一種極端刺激的享受，能讓乾拌麵更加順口，也可產生一種灼熱的口感。其他辣味的醬料還包括：XO 醬、油辣子。

● **四川豆瓣醬**
是由各種豆類製品製成，經由發酵釀造出紅褐色調味料，主要以黃豆或蠶豆為原料。根據喜好需求，在生產過程中會加入香油、豆油、辣椒等原料。豆瓣醬是四川菜的必備佐料。適合用於細麵和寬麵。

●胡椒粉

用胡椒樹果實碾壓製成的辣味粉末。
胡椒是海南著名的特產之一，可藥用
及食用。胡椒粉含有獨特的芳香味
及苦辣味，是非常受歡迎的辣味調味
料。適合用於油麵。

●辣椒油

是一種在亞洲地區被大量使用的辣味調
味料。主要為油狀物，和辣醬、辣粉不
同。在中國、日本、韓國、泰國都有不
同類型的辣油。適合用於細麵。

●辣椒粉

是用紅辣椒、黃辣椒、
辣椒籽碾碎成細粉的
混合物，具有辣椒本
身的辣香味，適合用
於細麵。

麻

會讓舌頭根部感覺喪失的味覺,叫做「麻」。將花椒和辣椒添加在食物中,都會產生不一樣的美味感受。

麻香是川菜中的主要香味來源,利用大紅袍、青花椒煉油熬煮,能調出獨特麻香味的醬料,尤其大紅袍的麻香會比一般花椒更加濃郁且香。

●**大紅袍 (乾花椒) 和青花椒**

兩者的味道都屬於香辣，差異並不大。大紅袍花椒，皮厚肉豐，色澤鮮艷，
味道濃郁，麻中帶香，在烹煮的過程中，味道不會改變，可以增加菜色的
香氣。超市都可買到。適用於全部的麵體。

● **油香**

用新鮮食材提煉後的油香調味料，像是蔥油、蒜油、芝麻香油、花椒油，所產生的氣味非常足夠，結合各種麵條，更能增添乾拌麵的香氣及口感。適用於全部麵體。

●粉香

新鮮食材如花椒粉、香料粉、十三香粉，經過乾燥研磨後，再加熱泡製能產生濃厚的香氣。適用於全部麵體。

●醬香

各種新鮮食材經過醃製、研磨及煉製之後，在時間的作用下，會產生不一樣的食物香氣，像是花生醬、芝麻醬、沙茶醬、肉醬、味噌等。適用於全部麵體。

II. 口感層次

麵條透過百分之百天然日曬後，麵體會更加Q彈帶勁，比較好吃。當不同的麵體沾附上調味好的醬汁，會融合出不一樣的味覺層次，所以乾拌麵使用的麵體，也會影響整體的口感。在煮麵時，水的溫度非常重要，必須保持在最高沸騰狀態，煮出來的麵才會Q彈順口好吃。

NOODLES

乾拌麵不只是醬汁重要，用合適的醬汁搭配正確的麵體，才能讓整碗麵的口感層次更上一層。光麵體就可分為包裝麵、現做麵及冷凍熟麵，三種麵的保存方式也都不同，而且醬汁怎麼搭配麵體也是一種學問。如果胡亂搭配麵體和醬汁，整碗麵吃起來會不順口。

★最常使用的麵體：

1. 包裝麵：
白麵、蕎麥麵、泡麵、麵線、陽春麵、雞蛋麵、蔬菜麵、拉麵、家常麵

美味しいS

2. 現做麵：細麵、寬麵、黃麵、油麵、家常刀切麵、陽春麵、雞蛋麵

3. 冷凍熟麵：白麵、寬麵、蕎麥麵、泡麵、家常刀切麵、烏龍麵、義大利麵

SAUCES

　要做出好吃的乾拌麵，醬汁的比例很重要。用好的食材，才能做出大家喜愛的乾拌麵醬汁。一般最常見的風味有：蔥香、醬香、酸香、香辣、麻辣、特殊風味。可依自己喜愛的口味去做調味，做出個人特色的乾拌麵。

★**最常使用的醬汁**：青蔥醬、香蔥醬、蒜頭醬、九層塔醬、味噌醬、豆瓣醬、
甜醬油醬、咖哩醬、雙味芝麻花生醬、黑醋醬、果醋醬、米醋醬、麻辣醬、
辣油、醡醬等。

BATCHING

　　濃郁的醬汁、Q 彈的麵體，再加入一些辛香料及配料，會讓整碗乾拌麵的味道更加豐富，例如剛煮出來的麵，拌入蔥花，會使麵和醬汁增加多層次的口感。

★**最常使用的配料：**蔥花、熟芝麻、炸過花生、炸過辣椒粉、炸過的蒜片、油蔥、肉醬、炸醬、麻辣鍋底醬

DISHES

　　乾拌麵搭配適合的配菜，才能顯出一碗麵的獨特感，在口中咀嚼時才會更有層次。看似平凡的配菜，卻是能搭配出具有自己特色的一碗麵。

★最常使用的配菜：

- 蔬菜：小白菜、小黃瓜、紅蘿蔔、豆芽菜、韭菜、菠菜、高麗菜、青江菜、
　　　　芹菜、菇類、番茄、海藻菜、空心菜、茼蒿。
- 蛋類：滷蛋、溫泉蛋、糖心蛋、水波蛋、煎蛋、蛋絲、炒蛋花、煮湯蛋、
　　　　蛋包、荷包蛋、煎燒蛋、炒滑蛋、鹹蛋、皮蛋、水煮蛋。

PART

3

乾拌麵
調製原則

I · 麵體的種類與最佳煮法

要煮出好吃麵條，教大家一些小訣竅：

1. 水量多、鍋子寬：煮麵的水，要比麵體多出 3 倍，讓麵條在水裡有快速翻轉攪拌的空間。煮的過程中，一定要讓表面的麵粉脫落，就不容易沾黏而煮不開，才能煮出好吃的麵條。一旦發現煮麵的水，呈現混濁的麵糊水，就得馬上換水。

2. 水一定要滾開：如果水還沒燒開，就放入麵條，會降低水的溫度。等到水煮開，時間已經拖太長，麵條就會過於軟爛，口感就不好，所以一定要等水滾開了，才能放麵條。這點要切記，很多人都會犯這個錯誤，就不能煮出 Q 彈好吃的麵條。

3. 適量點水：有些麵條比較寬、粗又厚，煮的時間不能比照一般細麵條。如果一直煮到爛，口感上會缺乏彈性，最好的方法就是點水，也就是倒入冷水，再讓麵條煮滾浮起。至於點水的次數，以麵條的寬度來決定。寬麵條點水 3 次，細麵條點水 2 次，厚麵條點水 3 次，波浪麵點水 3 次。

4. 拌油：煮好的麵條，如果不能馬上加入高湯，或進行二次烹煮的手續時，為了防止麵條結塊，撈出時馬上拌入少許沙拉油或麻油即可。

5. 過水：有些麵條為了達到涼菜的效果，除了拌入少許的沙拉油，用電風吹涼外，最快速的方式就是過冷水，也就是把煮熟的麵條放入冷水中冰鎮，廣東人稱為冷河。但是切記一定要用冷開水，假如利用生水，容易滋生細菌，為了保護身體健康和減少腸病毒，使用冷開水才是正確的選擇。

●**麵的煮法：**

基本原則是，麵條和水的比例為 1：6。等水煮至沸騰，才可以放入麵條。
當麵體浮上鍋面時，即可撈起。

▪**波浪麵煮法：**鍋中先加入 1500cc 的水煮滾，加入波浪麵煮至 3 分鐘後，
再加入 100cc 煮 2 分鐘至沸騰，當麵體煮透後浮上水面即可。

•**細麵煮法：**鍋中先加入 1500cc 的水煮滾，加入細麵煮至 2 分鐘後，再加
入 100cc 煮 1 分鐘至沸騰，當麵體煮透後浮上水面即可。

•**寬麵煮法：**鍋中先加入 1500cc 的水煮滾，加入寬麵煮至 4 分鐘後，再加
入 100cc 煮 2 分鐘至沸騰，當麵體煮透後浮上水面即可。

●**波浪麵：**乾燥蔬菜波浪麵、乾燥波浪麵、新鮮波浪麵

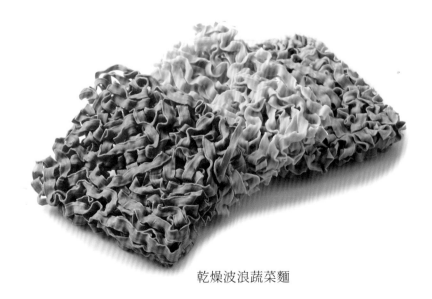

乾燥波浪蔬菜麵

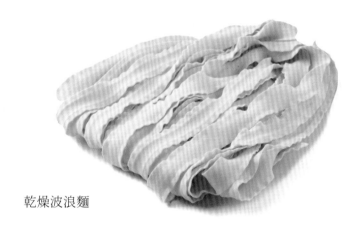

乾燥波浪麵

新鮮波浪麵

●**細麵**：乾燥的麵線。新鮮的油麵、細麵、意麵、拉麵、蕎麥麵、雞蛋麵、
黃麵。乾燥的細麵。

麵線

油麵

細麵

黃麵

拉麵

蕎麥麵

雞蛋麵

乾燥的細麵

●**寬麵**：新鮮的烏龍麵、寬麵、家常麵、陽春麵。冷凍的烏龍麵。

陽春麵

烏龍麵

家常麵

寬麵

冷凍的烏龍麵

II.麵體與醬汁的最佳搭配法

●**波浪麵**：適合搭配濃醬，因波浪型的麵體，吸附醬汁快速而且入味，醬料比例需要濃而稠。例如本書的九層塔醬、麻辣醬、泰式酸辣醬。

●**細麵**：適合搭配清爽的醬，才會有爽口的風味，所以醬料的比例需要淡而稀。例如本書的味噌醬、豆瓣醬、甜醬油醬、椒汁皮蛋醬。

●**寬麵**：適合搭配濃醬，醬料的香氣會殘留更久，所以醬料的比例需要濃而稠。例如本書的青蔥醬、辣油。

Ⅲ·麵水、高湯、醬汁、麵體和油的最佳比例

　　調製乾拌麵時，除了麵體的熟度和醬汁的比例要講究，添加高湯與麵水的比例也很重要，最適當的麵水和高湯比例爲 3：1。如果想讓味道更濃厚，麵水和高湯比例調整爲 3：2。

　　另外，煮麵師傅都會考慮到一碗麵端到客人面前時，濕潤度要剛剛好，才不會因爲撈起的熟麵，因吸收醬汁後，顯得太乾或太濕而影響口感。所以麵體、高湯、醬汁、油的最佳比例如下：

● **湯麵**：麵 250 克、高湯 350 克、醬汁 50 克、油 20 克，麵熟成度爲六分熟。

● **乾麵**：麵 250 克、高湯 50 克、醬汁 80 克、油 30 克，麵熟成度爲八分熟。

IV.乾拌麵與配菜的
最佳搭配法

　　乾拌麵的配菜很重要，不但可以增加美觀和食慾，還能讓整碗麵增加更多的味覺與口感。如果搭配錯的配菜，會影響整碗麵的口感。用味道淡的醬拌麵時，可以搭配一些青菜、蛋類等等，像是大眾都能接受的小白菜、豆芽菜，以及水波蛋或水煮蛋；而用味道重的醬拌麵時，就得搭配碎花生或醬菜，例如雙味芝麻花生醬、麻辣醬或酸辣醬，都可以選擇配醬菜和碎花生，不僅能增加獨特的香氣，口感也會更加豐富。

●青菜類

　　可以做為搭配的青菜，像是青江菜、小白菜、豆芽菜、菠菜或青江菜等等，做法都一樣，而且非常簡單。請參考以下做法：

1. 將青菜洗淨。煮一鍋滾燙的水，水中再加入適量的鹽和油。
2. 將青菜放入，煮至 2 ～ 3 分鐘。
3. 當蔬菜變為深綠色後，即所謂的「殺青」，表示熟了就可撈出。

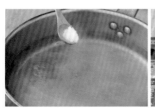  

●**蛋類**

　　不只是選擇一般的雞蛋，也可以選較小顆的鵪鶉蛋，或是蛋香味濃郁的鴨蛋。蛋類也可以參考以下做法。

★煎蛋做法：
1. 先熱鍋，加入一點點油潤鍋，再把雞蛋打入鍋內。
2. 約 1 分鐘後，看到蛋白有點凝固及聞到蛋香時，再翻面，煎至兩面金黃色即可。

★水波蛋做法：
1. 燒一鍋水，水滾後轉小火，加入少許鹽和白醋。
2. 用筷子在鍋內同方向攪拌畫圓，至水面形成漩窩，再將整顆蛋慢慢打入漩窩的中心點。
3. 在蛋的外圍撥動水，慢慢且輕輕的畫圓，把蛋黃煮至自己喜歡的熟度即完成。

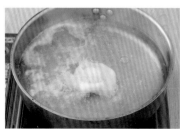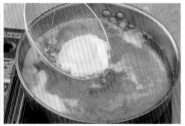

★糖心蛋做法：

1. 先將柴魚醬油裝入塑膠袋中備用。

2. 裝一鍋水，水量必須淹過雞蛋，並在水中加入 3 匙鹽，在煮水同時，旁邊準備好一碗冰開水備用。

3. 水開後，把帶殼的雞蛋放進漏勺裡，再放入滾水中，計時 5 分鐘，且不關火，以中火持續煮。輕輕用筷子攪拌雞蛋，這樣蛋黃才會在中間。

4. 時間一到立刻從滾水中撈起，並馬上放入冰開水中降溫。雞蛋冷卻後去殼 (在水中剝殼會比較好剝)，放入裝有柴魚醬油的塑膠袋中。

5. 放進冰箱冷藏 12 小時卽可。

★其他配料：市面上可以購買現成的熟花生和熟白芝麻。如果買不到，可以自行製作。簡單的做法是，將花生或是白芝麻用調理機打碎，或是用刀子切成末，放入鍋中加熱炒至食材味道飄出來卽可。兩者磨碎會更均勻細膩，味道會更香更濃郁。

PART

4

一起來拌麵

CLASSIC

經典人氣乾拌麵

蔥香
·
蒜香
·
酸香
·
麻香
·
香辣
·
麻辣

香蔥風味

青蔥醬拌麵

做醬

青蔥醬

材　料　青蔥 200 克、蒜頭 30 克、橄欖油 80 克、香油 30 克
調味料　醬油 15 克、米酒 30 克、白胡椒粉 5 克、白細砂糖 10 克
做　法

1. 青蔥洗淨，將水分瀝乾後切段，和蒜頭及橄欖油 80 克、香油 30 克一起放入調理機打成泥。
2. 倒入鍋中，煮到香味濃郁後，即變深綠色時，再放入醬油、米酒、白細砂糖煮至入味，最後加入白胡椒粉拌勻即可。

(TIPS)　將醬料的材料打成泥，煮的時候味道比較容易釋出。

拌麵

麵　體　寬麵 250 克
醬　料　青蔥醬 2 大匙
配　料　蒜酥 30 克、水波蛋 1 顆、蔥花 20 克
做　法

1. 青蔥切花，蛋煮成水波蛋，備用。
2. 先將寬麵放入鍋中煮至 3 分鐘熟透撈出，瀝乾水分，拌入青蔥醬即可。
3. 最後加入擺盤配料蒜酥、水波蛋及蔥花即可。

(TIPS)　水波蛋：將水煮至沸騰後再打入蛋，並立刻關火，把蛋悶熟即可。

香蔥醬

材　料　紅蔥頭 200 克、豬油 200 克

調味料　醬油 50 克、米酒 50 克、橄欖油 150 克、白細砂糖 30 克

做　法

1. 先將紅蔥頭切片，放入有橄欖油的熱鍋中。再放入豬油丁，以小火慢慢炒香至金黃色。

2. 再加入醬油、米酒、白細砂糖拌勻入味，即可調成醬汁。

(TIPS)　1. 請選購本土紅蔥頭製作這道醬，因水分較少，香氣較足。進口的紅蔥頭水分較多，油炸時較濕軟，不容易炸酥，而且香氣較不足。

2. 香蔥頭以小火油炸，約 2 ～ 3 分鐘顏色變成金黃即可撈起。

02

香蔥風味

古早味蔥拌麵

麵　體　白麵 250 克

醬　料　香蔥醬 2 大匙

配　料　豆芽菜 30 克、韭菜 30 克、滷蛋 1 顆

做　法

1. 豆芽菜及韭菜皆燙熟，蛋煮成滷蛋，備用。

2. 將白麵放入鍋中煮至 3 分鐘熟透撈出，瀝乾水分，拌入香蔥醬即可。

3. 最後放入擺盤配料豆芽菜、韭菜及滷蛋即可。

03

香蔥風味

蒜香拌麵

做醬

蒜頭醬

材　料　蒜頭 200 克、橄欖油 300 克、米酒 50 克

調味料　鹽 15 克、黑胡椒粉 15 克、白細砂糖 10 克、香油 50 克

做　法

1. 先將蒜頭切末，加橄欖油、米酒一起打成泥，放入鍋中炒香。

2. 最後再加入鹽、黑胡椒粉、白細砂糖拌勻，最後淋上香油 50 克即可。

TIPS　1. 將醬料的材料打成泥，味道比較容易釋出。

　　　2. 炒蒜頭醬時，不要太大火，稍微變色就可以起鍋，否則會變苦。

拌麵

麵　體　陽春麵 250 克

醬　料　蒜頭醬 2 大匙

配　料　青江菜 30 克、蔥花 20 克、煎蛋 1 顆

做　法

1. 青江菜燙熟，蛋做成煎蛋，青蔥切成花，備用。

2. 將陽春麵放入鍋中煮至 3 分鐘熟透撈出，瀝乾水分，拌入蒜頭醬即可。

3. 最後放入擺盤配料青江菜、煎蛋、蔥花即可。

香蔥風味

台式九香拌麵

九層塔醬

材　料　九層塔 200 克、蒜頭 50 克、米酒 50 克

調味料　沙拉油 100 克、白細砂糖 10 克、鹽 10 克

做　法

1. 先將沙拉油 50 克、九層塔、蒜頭放入料理機打成泥。

2. 將剩下的沙拉油 50 克入鍋加熱後，放入九層塔醬一起炒香，最後再加入白細砂糖、鹽、米酒拌勻入味即可。

麵體　寬麵 250 克

醬料　九層塔醬 2 大匙

配料　豆芽菜 30 克、韭菜 30 克、水波蛋 1 顆

做法

1. 豆芽菜及韭菜皆燙熟，蛋煮成水波蛋，備用。

2. 將寬麵放入鍋中煮至 3 分鐘熟透撈出，瀝乾水分，拌入九層塔醬即可。

3. 最後放入擺盤配料豆芽菜、韭菜、水波蛋即可。

味噌醬

材　料　洋蔥 100 克、味噌 50 克、橄欖油 50 克、水 100cc

調味料　味霖 30 克、醬油 20 克、米酒 60 克

做　法

1. 將洋蔥切末，備用。

2. 鍋中放入橄欖油 50 克加熱，將洋蔥炒香至金黃色後，加入味噌、水 100cc 煮開，最後再放入味霖、醬油、米酒煮至入味即可。

05

醬香風味

味噌醬拌麵

麵　體　細麵 250 克

醬　料　味噌醬 2 大匙

配　料　小黃瓜 30 克、蔥花 20 克、海藻 30 克、溫泉蛋 1 顆

做　法

1. 小黃瓜切絲，青蔥切成花，蛋煮成溫泉蛋，海藻放入一小碗礦泉水中泡開備用。

2. 將細麵放入鍋中煮至 3 分鐘熟透撈出，瀝乾水分，拌入味噌醬即可。

3. 最後放入擺盤配料小黃瓜絲、蔥花、海藻、溫泉蛋即可。

06

醬香風味

甜醬油拌麵

甜醬油醬

材　料　薑 3 片、青蔥 3 支、八角 3 個、陳皮 1 片
調味料　醬油 200 克、水 600 克、白細砂糖 200 克
做　法

1. 先用刀子將薑片拍碎，放入鍋中後，加入醬油、水、白細砂糖、青蔥、八角及陳皮一起煮開。

2. 再用慢火煮至上醬色，收汁至 400 克的醬汁，即成萬用甜醬油醬。

麵　體　細麵 250 克
醬　料　甜醬油醬 2 大匙
配　料　小黃瓜 30 克、洋蔥 30 克、蔥花 20 克
做　法

1. 小黃瓜及洋蔥切絲泡水，備用。青蔥切成花，備用。

2. 將細麵放入鍋中煮至 3 分鐘熟透撈出，瀝乾水分，拌入甜醬油醬即可。

3. 最後放入擺盤配料小黃瓜絲、洋蔥絲、蔥花即可。

醬香風味

雙味芝麻花生醬

材 料	芝麻醬 100 克、花生醬 50 克、蒜泥 30 克
調味料	醬油膏 30 克、白細砂糖 30 克、白醋 10 克、開水 30 克

做 法

1. 先把開水放入碗中,加入蒜泥、醬油膏、白細砂糖及白醋拌均勻。
2. 最後加入芝麻醬及花生醬拌至入味即可。

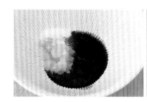

麵 體	白麵 250 克
醬 料	雙味芝麻花生醬 2 大匙
配 料	洋蔥 30 克、小黃瓜 30 克、白芝麻 10 克

做 法

1. 小黃瓜及洋蔥切絲泡水,備用。
2. 將白麵放入鍋中煮至 3 分鐘熟透撈出,瀝乾水分,拌入雙味芝麻花生醬即可。
3. 最後放入擺盤配料小黃瓜絲、洋蔥絲、白芝麻即可。

雙味芝麻花生醬拌麵

醡 醬

08

醬香風味

醡醬麵

材　料	絞肉 400 克、豆干 200 克、洋蔥 100 克、香菇 50 克、橄欖油 50 克、水 150 克
調味料	醬油 30 克、米酒 60 克、白細砂糖 30 克、甜麵醬 50 克、黑豆瓣 30 克

做　法

1. 將豆干、洋蔥、香菇切丁備用。

2. 鍋中放入 50 克橄欖油加熱，加入絞肉、豆干略炒，放入洋蔥、香菇炒香後，再放入醬油、米酒、白細砂糖、甜麵醬及黑豆瓣，炒出醬油色，最後加入 150 克水，煮 10 分鐘入味即可。

(TIPS) 炒好的醡醬放至隔天再使用更加美味。

麵　體	白麵 250 克
醬　料	醡醬 2 大匙
配　料	小白菜 30 克、紅蘿蔔 30 克、韭菜 30 克、蔥花 20 克

做　法

1. 紅蘿蔔切絲泡水，小白菜燙熟，蔥切成花，韭菜也切成花後燙熟備用。

2. 將白麵放入鍋中煮至 3 分鐘熟透撈出，瀝乾水分，拌入醡醬即可。

3. 最後放入擺盤配料小白菜、紅蘿蔔絲、韭菜及蔥花即可。

做醬

09

醬香風味

擔擔麵

● ● ●
擔擔醬

材　料　蒜頭5個、冬菜1茶匙、芝麻醬3大匙、甜醬油3大匙、橄欖油2大匙

調味料　香油1大匙、白醋少許

做　法

1. 冬菜切末放入乾鍋炒香，蒜頭切末，備用。

2. 蒜末用2大匙橄欖油炒香後，和冬菜一起放入碗中，再加上芝麻醬、做好的甜醬油(做法請見P.77)、香油及白醋拌均勻即可。

拌麵

麵體　白麵 250 克

醬料　擔擔醬 2 大匙

配料　小黃瓜 30 克、蔥花 20 克、花椒面少許、花生碎 20 克

做法

1. 小黃瓜切絲泡水備用，蔥切成花，備用。

2. 將白麵放入鍋中煮至 3 分鐘熟透撈出，瀝乾水分，拌入擔擔醬即可。

3. 最後放入擺盤配料小黃瓜絲、花生碎、蔥花及花椒面即可。

酸香風味

川味酸辣小麵

 做醬

酸辣醬

材　料　蒜頭 5 個、青蔥 2 支、冬菜 10 克、花椒面少許、橄欖油 2 大匙
調味料　甜麵醬 2 大匙、白醋 3 大匙、香油 1 大匙、辣油 2 大匙、
　　　　　高湯 3 大匙

做　法

1. 將蒜頭磨成泥，青蔥、冬菜切末，備用。
2. 鍋中加入 2 大匙油，將蒜泥、冬菜末炒香，放入甜麵醬、高湯 3 大匙煮
　 開，再加入白醋、香油和辣油煮滾，最後加入蔥末即可。

 拌麵

麵體　白麵 250 克
醬料　酸辣醬 2 大匙
配料　韭菜 50 克、蔥花 20 克、冬菜 10 克

做法

1. 韭菜燙熟，青蔥切花，備用。
2. 將白麵放入鍋中煮至 3 分鐘熟透撈出，瀝乾水分，拌入酸辣醬即可。
3. 最後放入擺盤配料韭菜、冬菜和蔥花即可。

黑醋風味

黑醋醬拌麵

黑 醋 醬

材　料　香菜梗 100 克、蒜頭 100 克、小紅辣椒 100 克、青蔥 100 克
調味料　黑醋 300 克、醬油 100 克、白細砂糖 100 克、香油 200 克
做　法

1. 先將香菜梗、蒜頭、小紅辣椒及青蔥切末，備用。

2. 將黑醋、醬油、白細砂糖和香油放入容器中，再加入切好的食材拌均勻，
　　等待 10 分鐘入味即可。

(TIPS)　做好的黑醋醬，放入冰箱冷藏至隔天再使用，更加入味。

麵　體　白麵 250 克
醬　料　黑醋醬 2 大匙
配　料　洋蔥 30 克、小黃瓜 30 克
做　法

1. 小黃瓜及洋蔥切絲泡水，備用。

2. 將白麵放入鍋中煮至 3 分鐘熟透撈出，瀝乾水分，拌入黑醋醬即可。

3. 最後放入擺盤配料小黃瓜絲、洋蔥絲即可。

酸香風味

果醋醬拌麵

做醬

果醋醬

材　料　白芝麻 1 大匙

調味料　果醋 100 克、橄欖油 50 克、白細砂糖 50 克、香油 50 克

做　法

1. 先將白芝麻炒香後切末，備用。

2. 將果醋、橄欖油、白細砂糖及香油一起入鍋，煮到白細砂糖溶化後，關火，加入白芝麻即可。

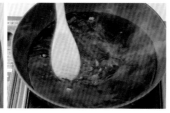

TIPS
1. 白芝麻放入熱鍋中乾炒即可，待香味飄出、呈金黃色即可。
2. 糖一溶化後要馬上關火，不能煮滾。因為煮滾後，果醋味道會不見。

拌麵

麵　體　油麵 250 克

醬　料　果醋醬 2 大匙

配　料　洋蔥 30 克、小黃瓜 30 克、青江菜 1 顆

做　法

1. 小黃瓜及洋蔥切絲泡水，青江菜燙熟備用。

2. 將油麵放入鍋中煮至 3 分鐘熟透撈出，瀝乾水分，拌入果醋醬即可。

3. 最後放入擺盤配料小黃瓜絲、洋蔥絲、青江菜即可。

13

米醋醬拌麵

米醋醬

材　料　白芝麻 10 克、薑泥 15 克、洋蔥泥 15 克

調味料　米醋 3 大匙、醬油 1 大匙、味霖 2 大匙

做　法

1. 先將洋蔥及薑磨成泥後，放入容器中。

2. 加入米醋、醬油及味霖攪拌均勻，再撒入白芝麻，泡製 10 分鐘即可。

麵　體　黃麵 250 克

醬　料　米醋醬 2 大匙

配　料　洋蔥 30 克、小黃瓜 30 克

做　法

1. 小黃瓜及洋蔥切絲泡水，備用。

2. 將黃麵放入鍋中煮至 3 分鐘熟透撈出，瀝乾水分，拌入米醋醬即可。

3. 最後放入擺盤配料小黃瓜絲、洋蔥絲即可。

14

川味豆瓣醬麵

做醬

豆瓣醬

材　料　青蔥 50 克、薑 50 克、蒜頭 50 克、甜酒釀 100 克、橄欖油 50 克
調味料　豆瓣醬 60 克、米酒 30 克、鹽 10 克、白細砂糖 30 克
做　法

1. 薑和蒜頭切末，青蔥切花，備用。
2. 鍋中放入 50 克橄欖油加熱，薑末和蒜末放入炒香後，放入蔥花。加入豆瓣醬，炒出油亮色，再加入甜酒釀、米酒、鹽及白細砂糖調味炒勻即可。

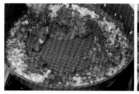 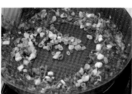 

(TIPS)　炒醬至油色變亮，味道較濃郁。

 拌麵

麵　體　細麵 250 克
醬　料　豆瓣醬 2 大匙
配　料　金針菇 50 克、秀珍菇 50 克、蔥花 20 克
做　法

1. 豆瓣醬放入鍋中，並加入金針菇和秀珍菇炒香，備用。青蔥切成花，備用。
2. 將細麵放入鍋中煮至 3 分鐘熟透撈出，瀝乾水分，拌入豆瓣醬即可。
3. 最後撒入擺盤配料蔥花即可。

辣油

15

紅油麵

香辣風味

| 材　料 | 紅椒粉 200 克、粗辣椒粉 200 克、洋蔥半個、青蔥 3 支、紅蔥頭 5 個、紫草 20 克、白芝麻 1 大匙 |

材　料 紅椒粉 200 克、粗辣椒粉 200 克、洋蔥半個、青蔥 3 支、紅蔥頭 5 個、紫草 20 克、白芝麻 1 大匙

調味料 沙拉油 400 克

做　法

1. 先將紅椒粉、粗辣椒粉一起放入碗中備用，洋蔥切粗條，青蔥切 10 公分段，紅蔥頭切片，備用。

2. 沙拉油倒入鍋中加熱，放入洋蔥、紅蔥頭、青蔥炸出香味後，加入紫草。快速撈出食材，將油倒入做法 1 的碗中拌均勻，最後加入白芝麻，泡至 12 小時即可。

TIPS

1. 沙拉油要加熱至 160℃，如果油溫不夠，無法把香氣、辣味及醬汁顏色提煉出來。
2. 紅椒粉和粗辣椒粉要泡油 12 小時，是因為浸泡會使兩者的味道更香更濃郁。
3. 榨油時，因油溫很高，操作時要特別小心。
4. 紫草是一種中藥，在起鍋前加入拌勻，會使紅油的顏色更重更好看。

麵體 寬麵 250 克

醬料 甜醬油醬 2 大匙 (做法請見 P.77)、辣油 2 大匙

配料 蒜花生 30 克、紅蔥酥 30 克、蔥花 20 克

做法

1. 蒜花生切末，紅蔥酥炸香，青蔥切成花，備用。

2. 蒜花生、紅蔥酥和蔥一起加入 2 大匙甜醬油和 2 大匙辣油，拌勻。

3. 將寬麵放入鍋中煮至 5 分鐘熟透撈出，瀝乾水分，拌入做法 2 即可。

16

雙椒辣醬

麻辣風味

川味雙椒辣醬麵

材　料　大青辣椒10支、蒜頭10個、大紅辣椒5支、豆豉50克、絞肉50克、橄欖油50克

調味料　醬油1大匙、白細砂糖1大匙、米酒2大匙

做　法

1. 將大青辣椒放入乾鍋炒香，切末。蒜頭及大紅辣椒切末。豆豉炒酥備用。

2. 鍋中加入50克橄欖油，放入蒜末炒香至起泡，待香氣出來。

3. 加入絞肉炒熟後，放入切好的大青辣椒、大紅辣椒炒至入味。

4. 加入醬油、白細砂糖及米酒炒至入味，起鍋前再加入豆豉拌勻。

(TIPS) 此道醬使用的是大青辣椒，只有麻而不辣。如果喜歡吃辣，可以改用小青辣椒和小紅辣椒。

麵　體　陽春麵250克

醬　料　雙椒辣醬2大匙

配　料　豆芽菜30克、韭菜30克、蔥花20克

做　法

1. 豆芽菜及韭菜皆燙熟，青蔥切成花，備用。

2. 將白麵放入鍋中煮至3分鐘熟透撈出，瀝乾水分，拌入雙椒辣醬即可。

3. 最後放入擺盤配料豆芽菜、韭菜、蔥花即可。

17

做醬

麻辣風味

川味麻辣小麵

麻辣醬

| 材　料 | 薑末 30 克、蒜頭 30 克、甜酒釀 30 克、豆豉 30 克、朝天椒粉 50 克、細椒粉 50 克、花椒粉 10 克、橄欖油 200 克 |

材　料 薑末 30 克、蒜頭 30 克、甜酒釀 30 克、豆豉 30 克、朝天椒粉 50 克、細椒粉 50 克、花椒粉 10 克、橄欖油 200 克

調味料 豆瓣醬 300 克、米酒 50 克、白細砂糖 20 克、八角粉 10 克、草果粉 10 克、陳皮粉 10 克

做　法

1. 先將蒜頭、豆豉及薑切末，備用。
2. 鍋中放入橄欖油 200 克加熱，放入蒜末、薑末炒香後，再放入豆瓣醬炒出油亮色。
3. 加入朝天椒粉、細椒粉拌至炒香，再和花椒粉、豆豉、甜酒釀、白細砂糖、八角粉、草果粉及陳皮粉炒香入味，起鍋前再放入米酒即可。

 TIPS　陳皮粉先打成泥狀，比較容易與其他材料攪拌。

 拌麵

麵體 波浪麵 250 克

醬料 麻辣醬 2 大匙

配料 豆皮 30 克、豆芽菜 30 克、蔥花 20 克

做法

1. 豆皮切絲，豆芽菜燙熟，青蔥切成花，備用。
2. 將波浪麵放入鍋中煮 6 分鐘熟透撈出，瀝乾水分，拌入麻辣醬即可。
3. 最後放入擺盤的配料豆皮絲、豆芽菜及蔥花即可。

TIPS　可以加入燙熟的空心菜當配菜，讓口感更豐富，也同時增加纖維質。

做醬

椒汁皮蛋醬

材　料　小青辣椒 10 支、皮蛋 2 個、蒜頭 10 個、豆豉 15 克、橄欖油 50
　　　　克

調味料　醬油 1 大匙、醬油膏 1 大匙、米酒 2 大匙、白細砂糖 1 大匙

做　法

1. 先將小青辣椒乾煸炒香後，切末。皮蛋、蒜頭、豆豉切末備用。

2. 將鍋中放入 50 克的橄欖油加熱，放入蒜頭炒香後，加入豆豉、皮蛋、
　小青辣椒炒熟。

3. 再加入醬油、醬油膏、米酒和白細砂糖炒入味即可。

麻辣風味

椒汁皮蛋拌麵

 拌麵

麵體　白麵 250 克

醬料　椒汁皮蛋醬 2 大匙

配料　花椰菜 30 克、韭菜 30 克、香菜少許

做法

1. 花椰菜燙熟，香菜及韭菜切段後燙過備用。

2. 將白麵放入鍋中煮至 3 分鐘熟透撈出，瀝乾水分，拌入椒汁皮蛋醬即可。

3. 最後放入擺盤配料花椰菜、韭菜及香菜即可。

UNIQUE

延伸特色乾拌麵

咖哩	椒麻
.	.
客家桔醬	麻油
.	.
麻婆	蒜泥
.	.
泰式	和風
.	.
沙茶	柴魚
.	.
脆臊	素香蕈
.	

 做 醬

咖 哩 醬

材　料　洋蔥 100 克、蒜泥 50 克、香菇 50 克、咖哩粉 100 克、橄欖油 50 克

調味料　醬油 40 克、米酒 50 克、蠔油 40 克、白細砂糖 30 克

做　法

1. 先將洋蔥及香菇切丁，備用。

2. 鍋中放入 50 克橄欖油加熱，放入香菇及蒜泥炒香，再加入洋蔥、咖哩
   粉炒香，最後加上醬油、米酒、蠔油和白細砂糖煮至入味即可。

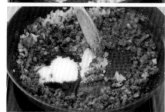

咖
哩
醬
拌
麵

 拌 麵

麵體　烏龍麵 250 克

醬料　咖哩醬 2 大匙

配料　馬鈴薯 30 克、紅蘿蔔 30 克、香菇 30 克、小黃瓜 30 克

做法

1. 馬鈴薯和紅蘿蔔切塊，香菇及小黃瓜切丁，備用。

2. 將烏龍麵放入鍋中煮至 6 分鐘熟透撈出，瀝乾水分，放入碗中備用。

3. 鍋中加入馬鈴薯塊、紅蘿蔔塊及香菇丁炒香後，加入 2 大匙咖哩醬炒熟，
   最後加入小黃瓜丁拌熟。

4. 將咖哩醬淋在烏龍麵上面即可。

做醬

●●
桔醬

材 料 桔醬 100 克、蒜頭 20 克、薑末 20 克
調味料 醬油 50 克、蜂蜜 30 克
做 法
1. 將蒜頭、薑切末,放入桔醬中。
2. 加入醬油、蜂蜜,攪拌均勻即可。

客家桔醬拌麵

 拌 麵

麵體 黃麵 250 克
醬料 桔醬 2 大匙
配料 小黃瓜 30 克、韭菜 20 克、豆芽菜 20 克
做法
1. 韭菜切段、豆芽菜洗淨,放入鍋中燙熱備用。
2. 小黃瓜切片泡水,備用。
3. 將黃麵放入鍋中煮至 3 分鐘熟透撈出,瀝乾水分,拌入桔醬即可。
4. 最後放入擺盤配料小黃瓜片、韭菜及豆芽菜即可。

做醬

麻婆豆干醬

材　料　豆干 5 塊、絞肉 50 克、蒜末 20 克、薑 20 克、橄欖油 2 大匙
調味料　醬油 20 克、白細砂糖 20 克、米酒 50 克、白醋 10 克、
　　　　　豆瓣醬 30 克

做　法

1. 將豆干切小丁，薑切末，備用。
2. 鍋中加入 2 大匙橄欖油，將蒜末、薑末入鍋炒香，放入豆干丁和絞肉炒熟，再放入豆瓣醬炒出油亮色。
3. 醬油、白細砂糖、米酒及白醋放入做法 2 中，煮至入味後再用太白粉水勾芡即可。

TIPS　先將豆干和絞肉炒乾，香氣才會出來。最後將醬炒出油亮色，香氣更濃郁。

拌　麵

麵體　細麵 250 克
醬料　麻婆豆干醬 2 大匙
配料　青江菜 50 克、蔥花 20 克

做法

1. 青江菜燙熟，青蔥切成花，備用。
2. 將細麵放入鍋中煮至 3 分鐘熟透撈出，瀝乾水分，拌入麻婆豆干醬即可。
3. 最後放入擺盤配料青江菜及蔥花即可。

泰式酸辣拌麵

 做醬

● ● ●
泰式酸辣醬

材　料　蒜頭 50 克、香菜 50 克、紅辣椒 50 克

調味料　泰式甜辣醬 100 克、白細砂糖 25 克、白醋 25 克、香油 50 克、
　　　　　番茄醬 20 克、蜂蜜 20 克、辣油 20 克

做　法

1. 將蒜頭、香菜、紅辣椒切末備用。
2. 將蒜頭末、香菜末、紅辣椒末放入大碗中，加入泰式甜辣醬、白細砂糖、
　 白醋、香油、番茄醬、蜂蜜及辣油一起攪拌均勻即可。

 拌麵

麵體　波浪麵 250 克

醬料　泰式酸辣醬 2 大匙

配料　小黃瓜 30 克、豆芽菜 30 克、蔥花 30 克、韭菜 30 克、紅蘿蔔 20 克

做法

1. 小黃瓜和紅蘿蔔切絲泡水，豆芽菜及韭菜燙熟，青蔥切成花備用。
2. 將波浪麵放入鍋中煮至 3 分鐘熟透撈出，瀝乾水分，拌入泰式酸辣醬即可。
3. 最後放入擺盤配料蔥花、小黃瓜絲、紅蘿蔔絲、豆芽菜及韭菜即可。

沙茶醬

材　料　蝦米 30 克、蒜頭 30 克、白芝麻 30 克、紅蔥頭 50 克、沙茶醬 50 克
調味料　醬油 10 克、蠔油 10 克、白細砂糖 20 克、白胡椒粉 5 克、米酒 50 克
做　法

1. 蒜頭、紅蔥頭和蝦米切末，備用。
2. 將蒜頭末炒香後，再放入紅蔥頭末，等味道出來再加入蝦米末炒香。加入沙茶醬、醬油、蠔油、白細砂糖、白胡椒粉、米酒炒入味，最後加入白芝麻拌勻即可。

沙茶拌麵

麵體　意麵 250 克
醬料　沙茶醬 2 大匙
配料　小白菜 50 克、韭菜 30 克
做法

1. 韭菜和小白菜切段，備用。
2. 將意麵放入鍋中煮至 3 分鐘熟透撈出，瀝乾水分，拌入沙茶醬即可。
3. 最後放入擺盤配料小白菜和韭菜即可。

TIPS 可以加入蛋酥一起食用。蛋酥做法：將油加熱到 100℃，再把攪散的蛋液倒入熱油中炸，待呈現金黃色的蛋酥時即可撈起。蛋酥有酥脆的焦香味以及濃濃的蛋香，搭配沙茶拌麵，特別對味，具有強烈的台式風情。

做醬

脆臊醬

 脆臊麵

| 材　料 | 五花肉 300 克、豆干 100 克、橄欖油 2 大匙、蒜碎 20 克、薑末 20 克 |

材　料　五花肉 300 克、豆干 100 克、橄欖油 2 大匙、蒜碎 20 克、薑末 20 克

調味料　醬油 2 大匙、白細砂糖 1 大匙、甜酒釀 2 大匙、黑醋 1 大匙、白胡椒粉適量、鹽適量

做　法

1. 先將五花肉煮熟，再將油花及瘦肉分開切丁，備用。

2. 鍋中放入 2 大匙橄欖油，將蒜碎、薑末、切好的油花爆香，再加入瘦肉一起炒酥。

3. 豆干切丁，加入做法 2 中，炒酥後，放入醬油、白細砂糖、白胡椒粉和鹽一起拌炒，起鍋前加入甜酒釀及黑醋拌炒提味即可。

TIPS 什麼是脆臊麵？是貴州省大街小巷都有賣的麵食，在貴州當地是用槽頭肉（豬下巴那塊肥肉）切丁，以鹽、甜酒釀及醬油抓馬醃泡 10 分鐘後，以中火煸乾出油。但媽媽們為了顧及健康，怕槽頭肉太肥太油，後來才改為五花肉。

脆臊麵可以說像是台灣的肉燥麵，然而兩者不一樣的地方，在於脆臊麵會把豆干和五花肉切成同大小的丁狀，而切好的五花肉丁倒入中小火的鍋中煮熟，再煸到油亮無水分後，加入豆干丁繼續煸乾，有些會放入花椒粉提香。起鍋前切記要淋上 1 大匙黑醋，會使味道更香更濃郁。台灣的脆臊麵，就以位於台南市的「方記老眷村麵食滷味」最為道地。

 拌麵

麵體　白麵 250 克

醬料　脆臊醬 2 大匙

配料　小白菜 30 克、蔥花 20 克

做法

1. 小白菜燙熟，青蔥切花，備用。

2. 將白麵放入鍋中煮至 3 分鐘熟透撈出，瀝乾水分，拌入脆臊醬即可。

3. 最後放入擺盤配料小白菜和蔥花即可。

椒麻堅果拌麵

椒麻堅果醬

材　料　蒜頭 10 個、堅果 200 克、青花椒粒 30 克、小青辣椒 5 支、橄欖油 3 大匙

調味料　醬油 30 克、白細砂糖 20 克、米酒 50 克、蠔油 20 克

做　法

1. 堅果和青花椒粒分別用料理機打碎，蒜頭及小青辣椒切末，備用。

2. 鍋中加入 3 大匙橄欖油，放入蒜末炒至金黃色，再加入小青辣椒末及堅果碎一起炒香。

3. 加入醬油、白細砂糖、米酒和蠔油一起炒入味，起鍋再加入青花椒碎拌勻即可。

(TIPS)　青花椒粒，乾貨或雜貨店都會有販售。

麵體　細麵 250 克

醬料　椒麻堅果醬 2 大匙

配料　小黃瓜 30 克、蔥花 20 克

做法

1. 小黃瓜切片，青蔥切成花備用。

2. 將細麵放入鍋中煮至 3 分鐘熟透撈出，瀝乾水分，拌入椒麻堅果醬即可。

3. 最後放入擺盤配料小黃瓜片和蔥花即可。

(TIPS)　可以再加入切絲的紅蘿蔔、燙熟的豆芽菜和切絲的蛋皮，增加整碗麵的口感，而且更加營養。

26

麻油拌麵

做醬

● ● ●
麻油醬

材　料　薑 300 克、香菇 150 克
調味料　米酒 200 克、醬油膏 30 克、麻油 150 克
做　法

1. 薑切末，香菇切末，備用。
2. 將麻油和薑末一起放入鍋中煸炒，直到飄出香味。當薑呈現金黃色後，再放入香菇末拌炒，最後加入米酒和醬油膏拌勻入味即可。

拌　麵

麵體　麵線 250 克
醬料　麻油醬 2 大匙
配料　薑絲 30 克、青江菜 30 克、蔥花 20 克
做法

1. 薑切成絲，青江菜燙熟，青蔥切花備用。
2. 將麵線放入鍋中煮至 3 分鐘熟透撈出，瀝乾水分，拌入麻油醬即可。
3. 最後放入擺盤配料薑絲、青江菜和蔥花即可。

(TIPS)　如果配料是氽燙過的川七和枸杞，更能呈現完整的台式風味，是一道養生的乾拌麵。

蒜泥醬

材　料　蒜頭 30 克、礦泉水 30 克

調味料　白醋 10 克、醬油膏 60 克、白細砂糖 20 克、香油 20 克、辣油 20 克

做　法

1. 蒜頭用調理機打成泥後，與礦泉水攪拌成蒜泥汁，備用。

2. 將蒜泥汁加入白醋、醬油膏、白細砂糖、香油和辣油，攪拌均勻即可。

TIPS　蒜泥攪打後，加水稀釋成蒜泥汁，才不至於太濃稠。

蒜泥拌麵

麵體　油麵 250 克

醬料　蒜泥醬 2 大匙

配料　小黃瓜 30 克、豆芽菜 30 克、韭菜 30 克

做法

1. 小黃瓜切絲，豆芽菜燙熟，韭菜切段，備用。

2. 將油麵放入鍋中煮至 3 分鐘熟透撈出，瀝乾水分，拌入蒜泥醬即可。

3. 最後放入擺盤配料小黃瓜絲、豆芽菜和韭菜即可。

28

和風拌麵

和 風 醬

材 料 檸檬汁 50 克、白芝麻 25 克

調味料 醬油 50 克、味霖 25 克、橄欖油 50 克、白細砂糖 20 克

做 法

1. 先將白芝麻用乾鍋炒香，切末備用。

2. 檸檬壓成汁後放入碗中，加入醬油、白細砂糖、味霖、橄欖油攪拌均勻，
   最後撒上白芝麻即可。

麵體 黃麵 250 克

醬料 和風醬 2 大匙

配料 豆芽菜 30 克、韭菜 20 克、蔥花 20 克、三島香鬆少許

做法

1. 豆芽菜燙熟，韭菜切段，青蔥切成花備用。

2. 將黃麵放入鍋中煮至 6 分鐘熟透撈出，瀝乾水分，拌入和風醬即可。

3. 最後放入擺盤配料豆芽菜、韭菜、蔥花，撒上三島香鬆少許即可。

柴魚醬

材　料　柴魚片 1 包、白蘿蔔 30 克、青蔥 2 支

調味料　醬油 2 大匙、味霖 1 大匙、米酒 3 大匙、白細砂糖 1 大匙

做　法

1. 柴魚片加 50 克水，加熱後關火，泡 5 分鐘，備用。

2. 鍋中加入米酒，把酒精蒸發後，再倒入醬油、白細砂糖和味霖煮均勻即可。

3. 白蘿蔔磨成泥、青蔥切花。使用時先淋上醬汁，再放入白蘿蔔泥及蔥花即可。

麵體　油麵或烏龍麵 250 克

醬料　柴魚醬 2 大匙

配料　小黃瓜 30 克、洋蔥 30 克、七味粉適量、三島香鬆適量、蔥花適量

做法

1. 小黃瓜和洋蔥切絲，備用。

2. 將油麵汆燙 2 分鐘熟透撈出，泡在冷水中冷卻後，瀝乾水分，拌入柴魚醬。或將烏龍麵放入鍋中煮至 10 分鐘熟透撈出，泡在冷水中冷卻後，瀝乾水分，拌入柴魚醬即可。

3. 最後放入擺盤配料小黃瓜、洋蔥，撒上適量的七味粉和三島香鬆即可。

素香蕈拌麵

做醬

香蕈醬

材　料　新鮮香菇 300 克、薑 300 克、橄欖油 100 克

調味料　醬油 30 克、米酒 60 克、素蠔油 30 克、白細砂糖 30 克、黑胡椒粉 10 克

做　法

1. 將新鮮香菇及薑切末，備用。

2. 用乾鍋方式，將香菇丁炒香後，倒出備用。

3. 鍋中放入 100 克橄欖油後，加入薑炒香，再加入香菇丁、醬油、米酒、白細砂糖、素蠔油和黑胡椒粉炒入味，再加一點水煮至香氣出來即可。

(TIPS)　香菇丁炒至水分收乾，多醣體才會釋放出來，才有香氣。

拌麵

麵體　拉麵 250 克

醬料　香蕈醬 2 大匙

配料　青江菜 30 克、香菜 20 克、鮮香菇 2 朵、水波蛋 1 顆

做法

1. 青江菜燙熟備用，蔥切成花。鮮香菇切花刀，入鍋煎至兩面熟，備用。

2. 將拉麵放入鍋中煮至 5 分鐘熟透撈出，瀝乾水分，拌入香蕈醬即可。

3. 最後放入擺盤配料青江菜、香菇、水波蛋、香菜即可。

乾拌麵
絕配小菜

花生醬香的
清涼小菜

芝麻秋葵

材　料　　秋葵 200 克。

調味料　　雙味芝麻花生醬 2 大匙。

作　法

1. 將秋葵去頭，放入熱水汆燙熟後，撈出並泡製於冷水中備用。

2. 將冷水中的秋葵撈出，瀝乾水分，排入碗中，淋上調味好的雙味芝麻花生醬即可。

香脆勁辣的
可口小菜

雜拌皮蛋

材　料　皮蛋 2 個、蒜花生 50 克、蒜頭 20 克、蒜苗 1 支、紅辣椒 1 支、青蔥 2 支、香
　　　　菜 30 克

調味料　辣油 2 大匙、醬油 1 大匙、醬油膏 1 大匙、香油 1 大匙、白醋 1 大匙、白細砂糖
　　　　1 大匙

作　法

1. 將皮蛋切丁，蒜苗、青蔥和紅辣椒切花，蒜頭切末，備用。

2. 準備一個大碗放入切好的皮蛋、蒜苗、蔥花及紅辣椒，再放入全部的調味料攪拌均勻
　　入味，最後放入蒜花生和香菜即可。

清爽營養的
脆感小菜

金菇三鮮

材 料 金針菇1包、紅蘿蔔30克、小黃瓜30克、香菜30克、紅辣椒1支、蒜頭3個、
豆皮1張

調味料 香油1大匙、醬油膏1大匙、辣油1大匙

作 法

1. 先將紅蘿蔔、小黃瓜、紅辣椒和豆皮切絲,香菜和金針菇切段,蒜頭切末,備用。

2. 將金針菇、紅蘿蔔和豆皮用熱水汆燙熟後,泡冷水冷卻。

3. 撈出作法2的材料瀝乾,放入碗中,再加入小黃瓜絲、紅辣椒絲、蒜末、香菜段及全
部調味料,攪拌均勻即可。

鹹香夠味的
熱炒小菜

●
●

蒜苗小炒

材　料　蒜苗 100 克、五花肉 50 克、蒜頭 3 個、紅辣椒 2 支
調味料　醬油 1 大匙、白細砂糖 1 大匙、白胡椒粉適量
作　法

1. 將蒜苗切丁，蒜頭切末，紅辣椒切花，備用。
2. 將五花肉切條入鍋炒香後，加入蒜頭末、紅辣椒及蒜苗丁爆香，再放入全部調味料炒
　 至入味即可。

又脆又辣的
即食小菜

辣醃蘿蔔

材　料　白蘿蔔 300 克、蒜頭 5 克、紅辣椒 2 支
調味料　豆瓣醬 2 大匙、白細砂糖 1 大匙、香油 1 大匙、醬油 1 大匙
作　法

1. 先將白蘿蔔切條，加鹽 1 小匙醃一下，再沖水去鹽，壓乾水分備用。
2. 將蒜頭切末，紅辣椒切花，和豆瓣醬一起放入鍋中炒出油亮色後，冷卻備用。
3. 白蘿蔔加入炒好的豆瓣醬、白細砂糖、香油和醬油拌勻，泡置 2 小時即可。

紅油辣香的
健康小菜

涼拌辣豆皮

材　料　豆皮 2 張、香菜 1 根、紅辣椒 1 支、蒜頭 5 個、小黃瓜半條
調味料　醬油 1 大匙、白細砂糖 1 大匙、辣油 1 大匙、香油 1 大匙
作　法
1. 先將豆皮、紅辣椒和小黃瓜切條，香菜切段，蒜頭切末，備用。
2. 豆皮入鍋汆燙後再冷卻，放入碗中，加入醬油、白細砂糖、辣油及香油拌均勻，最後加入小黃瓜、香菜、紅辣椒和蒜頭拌勻入味即可。

(TIPS)　這道小菜也可以用其他 30 種乾拌麵的醬汁去做變化，如麻辣醬、豆瓣醬、雙椒辣醬、青蔥醬、九層塔醬等。將以上材料備好，淋上喜歡的醬汁即可。

酸甜不苦的
消暑小菜

梅子苦瓜

材　料　白苦瓜1條（約600克）、梅子5個、豆豉1大匙、蒜頭2個、紅辣椒1支、
橄欖油3大匙

調味料　醬油1大匙、蠔油1大匙、米酒2大匙、白細砂糖2大匙

作　法

1. 先將白苦瓜切大塊，蒜頭和紅辣椒切片，備用。

2. 鍋熱後，加入3大匙橄欖油。先將白苦瓜煎香後撈出。

3. 利用鍋中剩餘的油，加入蒜頭、紅辣椒和豆豉炒香。

4. 將全部的調味料加入做法3炒香，再放入白苦瓜、梅子和3碗水，一起燒至入味即可。

 TIPS　梅子可以使用醃漬過的紫蘇梅，或是醃漬過的梅子都行。

清脆酸香的
爽口小菜

涼拌小黃瓜

材　料　小黃瓜 3 條、蒜頭 5 個、紅辣椒 1 支
調味料　白細砂糖 2 大匙、白醋 3 大匙、香油 1 大匙、鹽適量
作　法

1. 先將小黃瓜切小條，蒜頭切末，紅辣椒切片，備用。
2. 小黃瓜用鹽醃製後，再沖水去鹽度，壓乾水分，加入全部調味料、蒜頭末和紅辣椒片，
   醃漬入味即可。

鹹香軟綿的
夏日小菜

蒜泥茄子

材　料　茄子2條、香菜1根（或蔥花少許）、蒜頭5個
調味料　醬油膏1大匙、香油1大匙、白細砂糖1大匙、辣油1大匙
作　法
1. 茄子切成小段，煎熟後冷卻，排入盤中。
2. 蒜頭切末放入碗中，加入全部調味料拌勻入味，淋在茄子上。
3. 香菜切段或青蔥切花，放入做法2上即可。

　茄子皮間隔刨去皮，是爲了容易讓調味料入味。

滷煮醬香的
順口小菜

滷花生

材　料　新鮮花生 300 克、蒜頭 5 個、八角 5 個
調味料　醬油 2 大匙、白細砂糖 2 大匙、米酒 2 大匙、蠔油 1 大匙
作　法
1. 先將蒜頭切末爆香,加入醬油、白細砂糖和蠔油炒香。
2. 放入 3 碗水煮開後,加入八角、花生和米酒,煮至花生熟爛且入味即可。

濃郁鹹香的
營養小菜

金沙南瓜

材　料　南瓜 300 克、青蔥 2 支、紅辣椒 1 支、鹹蛋 1 個、蒜頭 3 個

調味料　鹽適量、白細砂糖適量、白胡椒粉適量

作　法

1. 先將南瓜洗淨切片，青蔥和紅辣椒切花，鹹蛋去殼切丁，蒜頭切末，備用。

2. 將鍋子加熱，放入些許油，放入南瓜片煎熟倒出。

3. 鍋中放入少許油，加入蒜頭末、紅辣椒和鹹蛋丁炒香，再放入煎好的南瓜、蔥花和全部的調味料拌勻即可。

甜蜜鬆軟的
香甜小菜

蜜芋頭

材　料　芋頭 600 克
調味料　白細砂糖 200 克
作　法
1. 將芋頭去皮切塊。
2. 放入鍋中，加入水 600 克和白細砂糖 200 克一起煮熟，水收乾後即可盛盤。

又辣又脆的
夠味小菜

紅油高麗菜

材　料　高麗菜乾 150 克、蒜頭 3 個、紅辣椒 1 支、蔥花適量
調味料　豆瓣醬 2 大匙、白細砂糖 1 大匙、香油 1 大匙
作　法

1. 高麗菜乾泡水軟化後，瀝乾水分備用。
2. 蒜頭和紅辣椒切末備用。
3. 高麗菜乾放入碗中，加入蒜末、紅辣椒末及全部調味料，一起攪拌均勻入味，撒上蔥花即可盛盤。

蒜香清脆的
雜拌小菜

涼拌豆芽菜

材　料　黃豆芽菜 200 克、紅辣椒 1 支、蒜頭 5 個、紅蘿蔔 50 克、白芝麻 1 大匙、
青蔥 1 支、韭菜 2 根

調味料　鹽適量、胡椒粉適量、白細砂糖適量、香油適量

作　法

1. 先將紅辣椒和紅蘿蔔切絲，蒜頭切末，青蔥切花，韭菜切小段，備用。
2. 黃豆芽菜和紅蘿蔔絲、韭菜汆燙後，泡冷水冷卻放入碗中。加入蒜末、紅辣椒、蔥花及全部調味料，攪拌均勻即可。
3. 最後撒上白芝麻。

甜甜鹹鹹的
沙拉小菜

花椰菜沙拉

材　料　花椰菜 400 克
調味料　沙拉醬 1 大匙、三島香鬆適量、柴魚片適量
作　法
1. 花椰菜切小朵，汆燙至熟，泡冷水冷卻，瀝乾水分擺盤。
2. 淋上沙拉醬及撒上三島香鬆、柴魚片即可。

飲食區 Food&Wine 014

在家乾拌麵：
鹹、鮮、酸、甜、辣、麻、香七種層次與醬汁比例的完美結合

作　　者｜駱進漢
責任編輯｜梁淑玲
攝　　影｜林宗億
封面、內頁設計｜謝捲子

總 編 輯｜林麗文
副 總 編｜梁淑玲、黃佳燕
主　　編｜高佩琳、賴秉薇、蕭歆儀
行銷總監｜祝子慧
行銷企畫｜林彥伶、朱妍靜

社　　長｜郭重興
發 行 人｜曾大福
出　　版｜幸福文化 / 遠足文化事業股份有限公司
地　　址｜231 新北市新店區民權路 108-1 號 8 樓
粉 絲 團｜https://www.facebook.com/Happyhappybooks/
電　　話｜（02）2218-1417　傳真：（02）2218-8057
發　　行｜遠足文化事業股份有限公司
地　　址｜231 新北市新店區民權路 108-2 號 9 樓
電　　話｜（02）2218-1417　傳真：（02）2218-1142
電　　郵｜serviceŽbookrep.com.tw
郵撥帳號｜19504465
客服電話｜0800-221-029
網　　址｜www.bookrep.com.tw
印　　刷｜通南彩色印刷有限公司
電　　話｜(02)2221-3532
法律顧問｜華洋法律事務所 蘇文生律師
初版七刷｜2023 年 4 月
定　　價｜399 元

國家圖書館出版品預行編目 (CIP) 資料

在家乾拌麵：鹹、鮮、酸、甜、辣、麻、香七種層
次與醬汁比例的完美結合 / 駱進漢著 . -- 初版 . --
新北市：幸福文化，遠足文化，2020.07
面；　公分 . -- (飲食區 Food&wine；14)
ISBN 978-986-5536-05-3(平裝)

1.麵食食譜
427.38　　109008362